珊 瑚 ， 是 海 洋 的 森 林

SAVING OUR CORAL REEFS

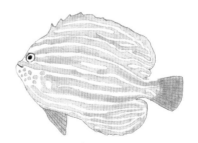

目錄

掃描QR Code看短片、聽故事，
探索台達孕生珊瑚復育計畫的精彩！

《珊瑚話你知：一成不變的老人》

《珊瑚話你知：一心移居的青年》

《珊瑚話你知：一生託付的媽媽》

序

種回海底的希望森林
讓科技成為自然的助力

　　工業革命至今不過兩百年，人類所排放的溫室氣體，已讓地球的平均溫度止不住地上升。這對於許多動植物而言，其實是一場生存之戰，只要人類一天不停止燃燒化石燃料，地球歷史上的第六次生物大滅絕，就會持續地進行。

　　在台灣，民眾看不到浮沉在海面之上，因找不到冰山而筋疲力竭的北極熊；也沒目睹過因南極升溫導致降雨日漸增，反讓絨毛未豐的企鵝寶寶，逐一凍死在父母身旁。然而，我們卻不難感受到，就在距離台北或高雄不到一小時的車程，海平面之下生機盎然的珊瑚棲地，在夏天被高溫持續地折磨，並威脅著牠們的生存。

　　2020年6月開始，台灣周邊的海溫，連續數周都超過30℃，海面下的珊瑚接近一半都呈現白化，甚至有些族群已陸續開始死亡。當時有一位台達台南廠的工程師，平時就很關心珊瑚生態，他潛入墾丁後壁湖拍照時發現，原本應該色彩繽紛的珊瑚海，竟整片如白幛般覆蓋在海床上。

　　工程師把照片提供給台達基金會,同仁們很快就採取了行動,先號召台達員工成立了志工隊,接受研究人員訓練與協助珊瑚生態的調查。基金會也與研究單位合作進行耐熱珊瑚的研究,更把台達在工業自動化與微米級電腦斷層掃描的設備導入,將原本用於「台達植物工場」的解決方案,運用在室內珊瑚養殖、培育與辨識上,合作成立珊瑚保種中心。基金會也透過國際合作,到佛羅里達學習珊瑚白化的救援工作,並將台達的珊瑚復育養殖系統,複製到東南亞國家。

　　這是一場與暖化搶時間的競賽,當我們失去了珊瑚,等同於四分之一的海洋生物將失去牠們的育兒房。盡早戒除化石燃料是治本的做法,在此之前,我們也要利用科技的力量,協助生物多樣性的恢復,調適暖化對生態系的衝擊,不能讓這顆美麗的星球,到最後只剩下人類自己。

台達集團創辦人暨台達電子文教基金會董事長

Q1

珊瑚白化會使珊瑚絕種嗎？

專家來回答！

白化代表珊瑚生病了；能不能恢復健康，要看環境有沒有變好。

戴昌鳳

國立臺灣大學海洋研究所 退休教授、
台灣珊瑚研究專家

大規模珊瑚白化又來了！

2023年2月起，從澳洲到肯亞再到墨西哥的海岸線，至少62個國家和地區的珊瑚礁出現嚴重白化，美國國家海洋暨大氣總署（NOAA）也已宣布全球正在經歷第四次大規模珊瑚白化。

5萬種生物以珊瑚礁為家

珊瑚礁是將近5萬種海底生物棲息的居所，珊瑚礁生態系每年經濟產值高達360億美元，全球至少有8.5億人的糧食安全和生計都仰賴健康的珊瑚礁生態系。珊瑚礁能在暴風期間協助降低70%的波浪高度，減少對人類居住環境的衝擊。

氣溫升幅愈大，珊瑚愈難存活

珊瑚適宜生存水溫為20℃～28℃。聯合國政府間氣候變遷專門委員會（IPCC）報告指出，如果全球氣溫比工業革命前升高約1.5℃，全球70到90%的珊瑚將消失；若氣溫升幅達2℃，則只有不到1%的珊瑚能存活。

珊瑚豆知識
白化 珊瑚死亡的前兆

珊瑚有很多漂亮的顏色，是由珊瑚蟲和珊瑚細胞內共生藻所形成。當環境變差，共生藻就會死亡或離開，只剩下透明的珊瑚蟲附著在灰白的碳酸鈣骨骼上，稱為白化，這時珊瑚其實已經奄奄一息了。白化現象如果無法好轉或復原，將導致珊瑚死亡，甚至引發珊瑚礁生態系崩潰，影響海洋生態，並擴及到自然環境、地方經濟、人類生存等許多層面。

Q2
珊瑚白化可以預測嗎？

專家來回答！

現在已經有珊瑚白化示警系統，也有健康色卡可觀察珊瑚健康。

陳德豪 ————

國立海洋生物博物館 代理館長

白化指標：熱壓力

珊瑚白化和海水溫度異常有高度關聯。美國國家海洋暨大氣總署（NOAA）旗下的珊瑚礁監測計畫，透過衛星偵測海水表面溫度、模型分析等，發展出全球珊瑚白化預警系統，以熱壓力（DHWs）作為珊瑚白化指標。

健康指標：健康色卡

澳洲昆士蘭大學所提出的非營利全球珊瑚觀察計畫（CoralWatch），把珊瑚顏色的轉變「標準化」，製作成珊瑚健康色卡，這是一種量測珊瑚健康或白化程度的簡單方法。

拯救珊瑚：你我都可以

一般民眾若能學習蒐集有關珊瑚健康的科學數據，增加對珊瑚礁、珊瑚礁白化和氣候變遷的了解，並上傳資料到CoralWatch平台或「海保署珊瑚白化回報平台」，人人都可以是支持珊瑚礁監測工作的公民科學家。

珊瑚豆知識

珊瑚的病歷簿

雖然珊瑚白化不一定與海水溫度直接相關，但歷經海洋熱浪後只要海水降溫，珊瑚很有機會從白化中恢復。在漫長的復原期間內，珊瑚體質很虛弱，容易感染疾病甚至死亡。珊瑚容易感染的疾病包含黑帶病、石質珊瑚組織損失病、白斑病、黃帶病和黑斑症等；不同疾病可能在白化後的不同時間點出現，並可能持續兩年之久。

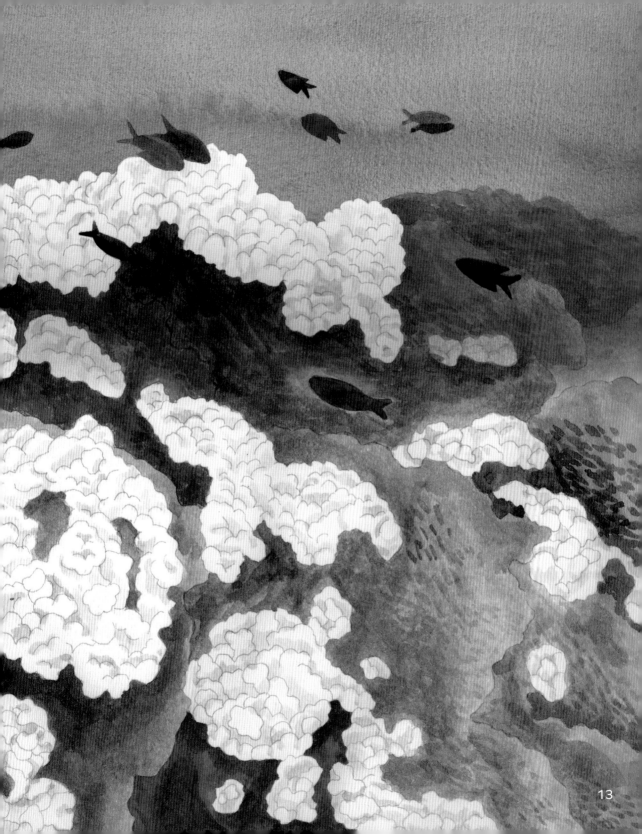

Q3
我們可以幫助珊瑚繁衍後代嗎？

海水溫度愈來愈高，可能導致珊瑚無法自然繁殖，
科學家們透過無性及有性生殖方式，幫助珊瑚繁衍後代。

── 王立雪 ──

國立海洋生物博物館 主任、
珊瑚有性生殖專家

無性生殖

包括珊瑚蟲跳脫、出芽生殖、分裂生殖（一
隻分裂成兩隻或三隻）、斷裂生長（例如被
颱風打斷的珊瑚分支，放在適合的地方繼
續生長）等方式產生珊瑚體。

（優點）隨時都可進行，繁殖速度快，移動
距離短。

（缺點）沒有新的基因組合。

有性生殖

又分為體內受精、體外受精兩種。珊瑚同
一或不同個體釋放出精子、卵子，在海中
受精結合發育成珊瑚幼蟲或釋出胚胎，有
長距離漂移能力。

（優點）有新的基因組合，增加歧異度有助
於增加適應環境變遷的機會。

（缺點）有季節性限制，甚至一年可能只有
一次或兩次，並容易受到許多外在
因素影響存活率，例如魚類的捕食
和人類活動干擾。

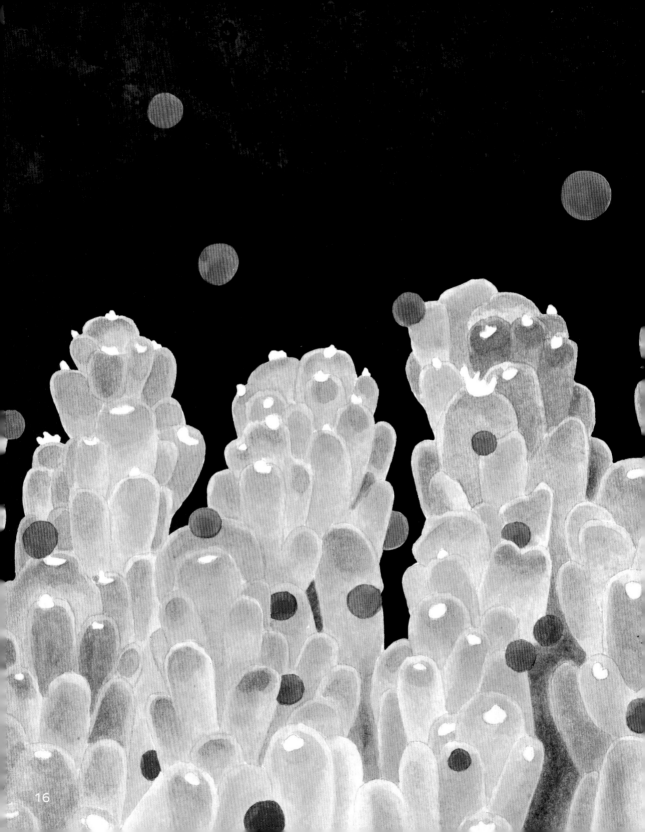

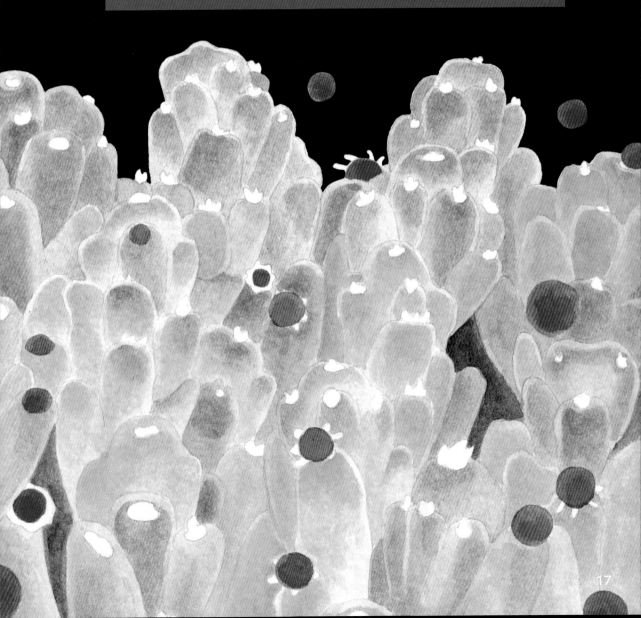

全世界的科學家都在努力！

目前有56個國家在執行珊瑚礁種植計畫，透過無性及有性生殖方式，培育珊瑚幼苗，幫助珊瑚擴大族群，增加適應潛力，是珊瑚復育的重要環節。

Q4

珊瑚復育方式有哪些？
各地條件不一樣，
如何選擇最適合的復育方式？

根據聯合國《珊瑚礁復育指引報告》，珊瑚復育主要有 **4** 種方式：

— 陳麗淑 —

國立海洋科技博物館 主任

最快速！

存活率約 ‧‧‧‧‧‧‧‧ **64%**

海裡直接分支移植，把珊瑚苗直接「種」
在海底或原有珊瑚礁，以鑽洞、鐵釘或
黏著劑固定。

更永續！

存活率約 ‧‧‧‧‧‧‧‧ **66%**

把珊瑚苗放到岸上養殖缸或水下苗圃，
等珊瑚苗成長到適合移植時，再移回海
底，可創造更永續的珊瑚苗來源。

較新穎！

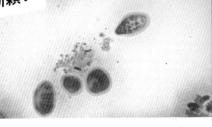

存活率約 ‧‧‧‧‧‧‧ **10%**

利用珊瑚排卵機制，捕捉精卵，人工繁
殖（有性生殖），讓珊瑚蟲附著在小裝
置再大規模投放至海中，可增加珊瑚基
因多樣性，有助於提高珊瑚的適應力。

環境不穩定也 ok！

存活率約 ‧‧‧‧‧‧‧‧ **66%**

放置人工礁，把珊瑚苗直接「種」在人
工礁上。這種方式能在海床不穩定、珊
瑚不易附著的區域進行復育。

珊瑚豆知識
繁殖珊瑚也能自動化喔！

因應各地原有環境、人力、設備等條件不一樣，即使同一個地區的珊瑚復育方式可能有所區別，但也可以相互結合（像是人工礁＋珊瑚蟲投放）。在澳洲大堡礁，研究人員正在測試使用工業自動化生產的方式，大量在小裝置上繁殖珊瑚蟲，並投放到海中。

Q5

有優先復育的珊瑚種類嗎？

專家來回答！

優先進行珊瑚復育的種類，通常是那些受到威脅最大、對生態系統至關重要且有復原潛力的珊瑚。

 陳映伶

台灣山海天使環境保育協會 秘書長
別稱「珊瑚媽媽」

有強大造礁能力的！

這些珊瑚種類能建立堅固的珊瑚礁結構，提供棲息地給其他海洋生物，並保護海岸線免受海浪侵蝕。

抗逆能力強的！

在面對氣候變化、海洋酸化、污染和其他壓力時表現較好，例如耐熱珊瑚。通常，這些種類具有較高的適應性和復原能力。

物種瀕危的！

台灣的石珊瑚與軟珊瑚共超過800多種，其中被國際認定受到生存威脅的達107種，這些將優先保育與復育，以防止牠們滅絕。

復育的珊瑚苗來源

包含受海浪等自然衝擊的珊瑚斷裂碎片、經法律許可,以研究為目的由野外採集的珊瑚、珊瑚苗圃或養殖池內的珊瑚分株、或是有性繁殖培養的珊瑚幼苗。

優先復育的珊瑚種類,取決於當地的生態情況與威脅,以進行評估和選擇。台達電子文教基金會與海科館合作成立「潮境珊瑚保種中心」,根據國際自然保育聯盟(IUCN)瀕危及易受害物種名單,持續保存在台灣的瀕危珊瑚品種,目前已包含腎形盤珊瑚(*Turbinaria reniformis*)、星形棘杯珊瑚(*Galaxea astreata*)、繡球雀屏珊瑚(*Pavona cactus*)等。

Q6

我在水族用品店看過珊瑚，
這和保種中心的設備一樣嗎？

專家來回答！

潮境珊瑚保種中心是為了專門復育珊瑚量身打造的喔！

陳素芬

國立海洋科技博物館 館長

模擬真實的海洋環境

自動控制 全年無休

潮境珊瑚保種中心室內有4個底面積 4.5平方公尺大魚缸、3個底面積1.5 平方公尺小魚缸，可容納約6000株珊 瑚。使用天然海水作為水源，並放入珊 瑚礁魚類，模擬實際海洋生態系與海浪 環境。

整座保種中心是一個24小時自動控制 的溫室，每組水缸裝有LED燈，缸內 有照度計、pH偵測計、鹽度計和溫度 計，可以自動量測、調光，模擬日照變 化以營造珊瑚適合生長的條件，因此讓 珊瑚的生長速度較野外環境增加40% 以上。

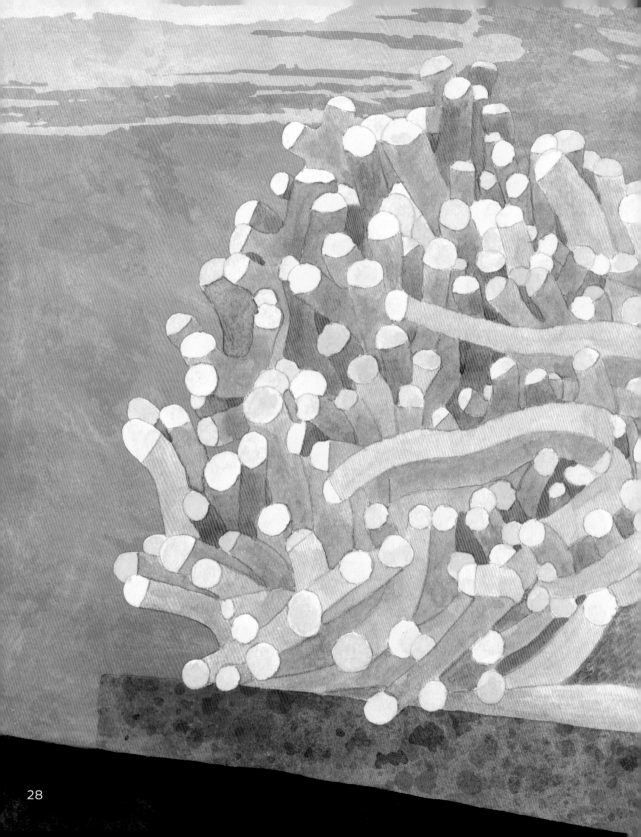

珊瑚豆知識

亞洲首座 100% 使用再生電力的保種中心

潮境珊瑚保種中心是亞洲第一座百分之百採用再生電力的珊瑚復育基地，運用台達電子在綠建築與自動化領域的專長，為珊瑚量身設計出採光良好、通風流暢、電力耗損少，適宜珊瑚生長又具有環保節能效益的溫室。

Q7
保種中心的珊瑚要怎麼被種回海裡去？

專家來回答！

科學家一邊進行珊瑚復育，一邊尋找適合做為近海苗圃或移植珊瑚的水下區域，等到珊瑚成長健康，就會將牠們送回大海的新家。

尋找適合的新家

林梅芳

國立中山大學海洋生物科技
暨資源學系 助理教授

適合大部分珊瑚生長的環境為3~10公尺深、有足夠光照、水流不要太強、水質佳的水下區域。同時也要考量海底地形是否好放置苗圃、是否容易到達，以及移植的珊瑚種類對當地生態的影響評估，並且遵守當地法規，取得在地居民認可。

為珊瑚健康檢查

時間點很重要

當珊瑚在溫室生長到適當大小，受訓過的研究人員將利用台達微米級電腦斷層掃描設備，檢查珊瑚骨骼是否健康並建檔，再移植到淺海的人工苗圃。未來會導入無線射頻識別系統（RFID），透過數位化的珊瑚資料庫，觀察記錄珊瑚生長。

在移植前，也須加入氣候預測模型作為參考，例如近期是否會受到海水升溫、颱風等衝擊，避免珊瑚移植時受到損傷。

珊瑚豆知識

珊瑚也要長照服務

珊瑚移植後，初期還是需要持續的人工介入照顧及監測。以台達在潮境及墾丁出水口的珊瑚苗圃為例，台達志工會定期潛水清理苗圃環境、確認珊瑚健康狀況，確保沒有被藻類及垃圾覆蓋或被天敵食用等狀況，定期拍照記錄，長期下來可計算珊瑚面積變化，作為監測的一環。

Q8

有沒有不怕熱的珊瑚？

耐熱珊瑚是珊瑚受到環境變遷所演化出的強大生存能力。

樊同雲

國立海洋生物博物館 博士、
台灣耐熱珊瑚研究專家

每種珊瑚耐熱程度不同

大部分珊瑚適合的海水溫度是20℃到28℃，
但每一種珊瑚能適應的溫度都不一樣，國際上
也有發現可短期承受40℃高溫的耐熱珊瑚。

大白化下的倖存者

耐熱珊瑚並非單一特殊品種，而是珊瑚受到環
境變遷演化出的生存能力。每次出現珊瑚大白
化，都會導致許多無法耐高溫的珊瑚死亡，倖
存下來的珊瑚則會演化出耐熱的能力。

哪種珊瑚最耐熱

在墾丁出水口所建置的台達耐熱珊瑚苗圃中，
所復育的是由海生館研究團隊所研發培育的
銳枝鹿角珊瑚（*Pocillopora acuta*），牠在實
驗室經過高溫測試後顯示，37℃下仍可維持
50％的光合作用效率，是研究和強化耐熱能
力的指標物種。研究人員另外也選了12種珊
瑚，持續進行耐熱珊瑚實驗中。

珊瑚豆知識

幫助珊瑚適應氣候變遷

珊瑚本身的熱耐受程度，是能否生存的關鍵能力。因此潮境珊瑚保種中心以鄰近的潮境保育區為基地，採用人為方式加速珊瑚的演化，為的就是要幫助珊瑚適應持續惡化的氣候變遷，在未來持續生存下去。

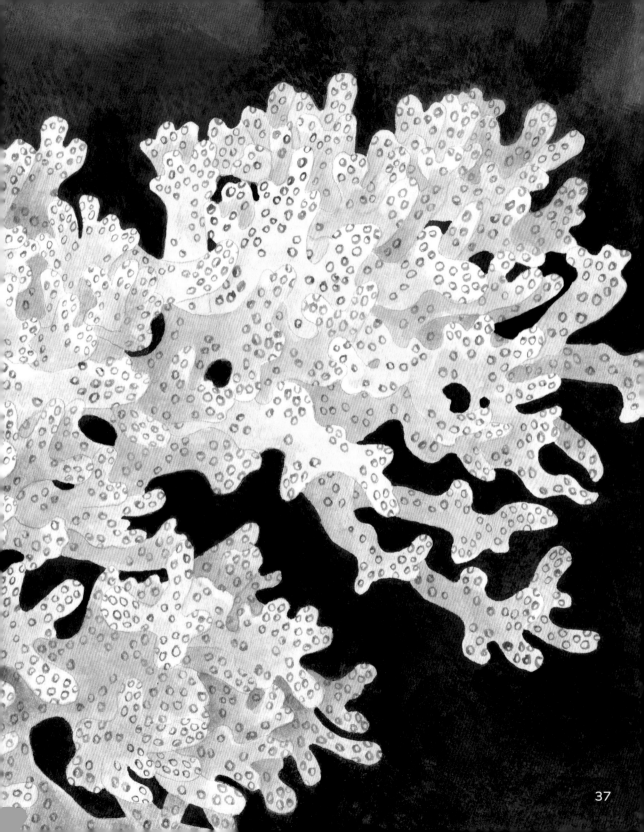

Q9
如果復育的珊瑚又白化了，我們能做什麼？

專家來回答！

國際上緊急救援珊瑚的方式是：盡快移動、人工遮蔽、限制人類活動干擾，幫助珊瑚逃離各種傷害因子。

人工遮蔽 降低白化傷害

Dr. Jason Spadaro

美國 Mote 海洋實驗室
珊瑚礁復育研究計畫主管

使用遮陽布或灑水技術，降低苗圃受到的強烈直接日照，讓珊瑚更有機會避免白化，並在高溫下生存。

環境管理 限制人群干擾

透過區域管制，限制人類活動所帶來的干擾，以減少珊瑚的環境壓力，避免遭受更大的損傷，如潮境保育區已實施人數管制。

即刻救援 離開白化熱區

利用珊瑚復育基座容易移動的特性，在發現白化時，迅速分批救援，將已白化珊瑚移動到安全的地方，等海水溫度下降後，一邊持續種植新的珊瑚，同時把救援的珊瑚移回海中適合的環境。

珊瑚豆知識
珊瑚的「疏散路線」

根據美國國家海洋暨大氣總署(NOAA)研究,當海溫超過歷史平均最高月均溫1℃時,就會對珊瑚產生熱壓力,稱為「白化熱點」。2023年7月,美國佛羅里達海域出現34℃高溫,Mote海洋實驗室緊急將珊瑚轉移到陸上養殖中心,以避免珊瑚死亡,或失去復原及適應海水升溫的機會。2024年,Mote為不同珊瑚設計不同「疏散路線」。像是較不耐高溫的軸孔珊瑚(Acroporidae)被轉移到較低溫的養殖區;耐熱的苔珊瑚(Mussidae)、菊珊瑚(Faviidae)則在嚴重熱壓力出現時,才會被轉移到其他養殖區。

Q10
如何評估珊瑚復育計畫的成效？

專家來回答！

共有4項國際通用指標，用來比較不同的復育計畫成果：

郭兆揚

國立海洋科技博物館 博士
台灣首批經認證生態潛水員（Eco Diver）

群體層級指標

珊瑚最小的單位是珊瑚蟲，一般常見的「一株」珊瑚其實是由很多珊瑚蟲聯合構成「珊瑚群體」（colony）。因為珊瑚是群體型生物、具有能承受一個群體中部分珊瑚蟲死亡的特色，因此需估算固定面積內的珊瑚組織量。

地景（珊瑚礁）層級指標

包含人工實際復育珊瑚所占面積，以及人工復育的珊瑚往外擴散的區域面積。

基因與基因型多樣性

指復育物種所擁有的獨特基因型數量。當物種的遺傳多樣性愈豐富，愈有機會出現能抵抗逆境的物種以面對氣候變遷和其他生存壓力。因此「基因多樣性」是促進種群長期復育與保育的重要因素，也是評估珊瑚礁生態系是否成功復育的重要指標。

族群層級指標

包含珊瑚的平均群體大小、群體數量（豐富度）、群體大小頻度分佈。復育人員可從前兩項指標以及復育計畫的面積估算大約有多少比例的礁岩被珊瑚覆蓋，此又稱為珊瑚覆蓋率，並計算每平方公尺內復育的珊瑚群體密度。

珊瑚豆知識

守護海洋森林 全球動起來

聯合國環境署（UNEP）與國際珊瑚礁倡議組織（ICRI）提出珊瑚復育的目標分為四大面向：社會經濟、生態、氣候變遷調適與支持、和環境衝擊。社會經濟目標包含維持或恢復海岸保護、在地漁業、觀光機會、以及促進在地參與，讓珊瑚復育計畫與當地人文環境能夠相輔相成。生態目標不僅是恢復珊瑚礁的功能和結構，還包括減緩族群量降低和維持生物多樣性的功能。氣候變遷調適與支持的目標包含降低氣候變遷衝擊和促進珊瑚礁恢復力。環境衝擊面向則須考慮如何幫助或提升珊瑚礁生態系面對颱風等急促、短暫擾動下的自然恢復力、以及在擾動發生前提早因應以降低可預期的損失，因此前面提及的珊瑚救援機制也是重要的一環。

珊瑚復育大事記

2019
9月

● 台達舉辦氣候沙龍解讀IPCC《海洋與冰凍圈特別報告》全球升溫達1.5℃時，90%熱帶珊瑚恐消失殆盡

2020
7月

● 台達員工黃文育於墾丁出水口拍攝到珊瑚白化，記錄並提供予基金會，促成台達珊瑚復育志工隊成立，並與海科館及山海天使協會展開合作

2022
2月

● 台達珊瑚復育志工在海生館的協助下，開始接受CoralNet珊瑚影像AI辨識系統訓練

4月

● 達成復育300株珊瑚，並建置台達潮境珊瑚苗圃

8月

● 與亞洲大學合辦「地球‧脈動中－生態與藝術特展」，展出珊瑚復育成果

4月

● 與海科館共同開設珊瑚復育體驗課程

9月

● 與海科館合作成立潮境珊瑚保種中心，宣布擴大目標，3年復育1萬株珊瑚及保育20種國際認證瀕危珊瑚

● 達成復育3000株珊瑚

2024
1月

● 潮境珊瑚保種中心台達溫室志工隊成立

2021

4月
● 認養東北角九孔池，建置珊瑚復育裝置《孕生》，目標3年復育1千株珊瑚

11月
● 在格拉斯哥氣候會議期間（COP26），於吐瓦魯國家館播映台達珊瑚復育行動影像

2023

9月
● 台達董事會納入「生物多樣性」永續策略

11月
● 於夏姆錫克氣候會議（COP27）上與國際珊瑚專家 Margaret Leinen 等人分享珊瑚復育經驗

● 達成復育1000株珊瑚

3月
● 與海生館合作啟動珊瑚復育研究計畫，投入耐熱珊瑚培育和有性繁殖計畫

● 墾丁出水口設立台達耐熱珊瑚苗圃

3月
● 與美國Mote海洋實驗室簽訂國際合作協定，建立珊瑚白化救援機制

6月
● 與海科館合作於國際珊瑚日舉辦CoralWatch工作坊

● 委派研究員前往澳洲記錄大白化後珊瑚復育實況

● 台達以4K直播潮境珊瑚產卵及夜間生態

● 達成復育6000株珊瑚

Essential43

珊瑚，是海洋的森林
SAVING OUR CORAL REEFS

作　　者｜台達電子文教基金會
繪　　者｜薛慧瑩
審　　校｜王立雪、林梅芳、郭兆揚、陳映伶、陳素芬、陳德豪、陳麗淑、
　　　　　樊同雲、戴昌鳳、Jason Spadaro（依姓氏筆畫順序）
照片提供｜美國Mote海洋實驗室、張皓然、張嘉麒、郭兆揚、黃于哲、
　　　　　黃文育、楊守義、蘇淮（依姓氏筆畫排序）
特約主編｜鍾文萍
副總編輯｜梁心愉
裝幀設計｜究方社（方序中、蔡尚儒）
版面構成｜張添威
行銷企劃｜陳彥廷、黃蕾玲
顏　　繪｜番茄畫室

初版一刷｜二〇二四年八月二十六日
定　　價｜新臺幣三二〇元

出　　版｜新經典圖文傳播有限公司
發行人暨總編輯｜葉美瑤
地　　址｜臺北市重慶南路一段五七號十一樓之四
信　　箱｜thinkingdomtw@gmail.com
電　　話｜02-23311830

總 經 銷｜高寶書版集團
地　　址｜臺北市內湖區洲子街八八號三樓
電　　話｜02-2799-2788
傳　　真｜02-2799-2788
海外總經銷｜時報文化出版企業股份有限公司
地　　址｜桃園市龜山區萬壽路二段三五一號
電　　話｜02-2306-6842
傳　　真｜02-2304-9301

國家圖書館出版品預行編目（CIP）資料

珊瑚，是海洋的森林　Saving Our Coral Reefs /
台達電子文教基金會著 . -- 初版 . -- 臺北市：
新經典圖文傳播有限公司, 2024.08
52面；18×22公分 . --（Essential;YY0943）
ISBN 978-626-7421-40-6(精裝)

1.CST: 珊瑚 2.CST: 自然保育
3.CST: 環境教育 4.CST: 繪本

386.394　　　　　　　　　　113010898